脑机接口
及其他
人工智能技术

强国少年
高新科技
知识丛书

04

世图汇 / 编著

江苏凤凰科学技术出版社 · 南京

图书在版编目（CIP）数据

脑机接口及其他人工智能技术 / 世图汇编著 . — 南京：江苏凤凰科学技术出版社，2022.12（2023.8 重印）
（强国少年高新科技知识丛书）
ISBN 978-7-5713-3206-8

Ⅰ . ①脑… Ⅱ . ①世… Ⅲ . ①人工智能 – 少年读物
Ⅳ . ① P18-49

中国版本图书馆 CIP 数据核字 (2022) 第 161392 号

感谢 WORLD BOOK 的图文支持。

脑机接口及其他人工智能技术

编　　著	世图汇
责 任 编 辑	谷建亚　沙玲玲
助 理 编 辑	杨嘉庚　钱小龙
责 任 校 对	仲　敏
责 任 监 制	刘文洋

出 版 发 行	江苏凤凰科学技术出版社
出版社地址	南京市湖南路 1 号 A 楼，邮编：210009
出版社网址	http://www.pspress.cn
印　　刷	上海当纳利印刷有限公司

开　　本	718 mm×1 000 mm　1/16
印　　张	3
字　　数	60 000
版　　次	2022 年 12 月第 1 版
印　　次	2023 年 8 月第 5 次印刷

标 准 书 号	ISBN 978-7-5713-3206-8
定　　价	20.00 元

图书如有印装质量问题，可随时向我社印务部调换。

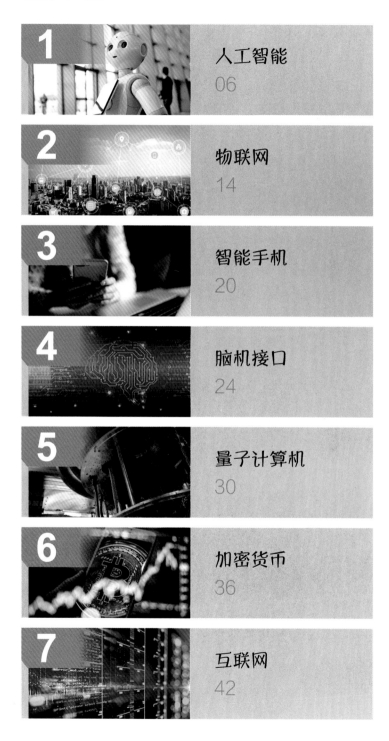

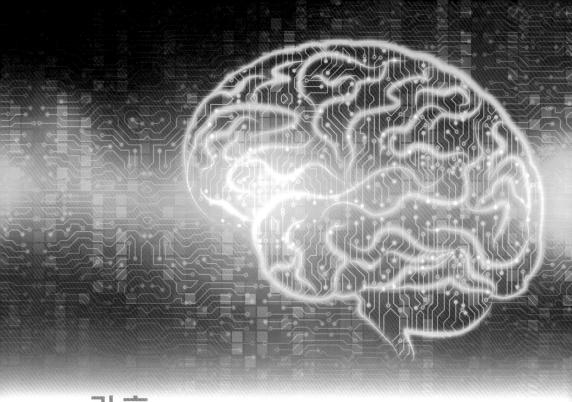

引 言

　　计算机无处不在。它们存在于手机、汽车、电梯、游戏机、烤面包机甚至外太空中。我们使用计算机执行各种各样的任务，从网络搜索到探索海洋，再到驾驶飞机，它们甚至可以帮助我们挤牛奶。

　　计算机正影响着我们日常生活的方方面面，在不久的未来它们又会是什么样的呢？研究人员正在努力开发人工智能，使计算机能够以类似于人类的方式思考和学习。还有一些人正在开发脑机接口技术，使用者可以用意识控制计算机。与此同时，计算机科学家正在努力打造真正的量子计算机——一种速度极快、功能强大的特殊计算机。

　　想象一下，在 10 年或 20 年内，这些先进的计算机将给我们的生活带来怎样的改变。我们能用意识操控无人机吗？我们可以使用搜索引擎找到丢失的袜子吗？会出现在几秒钟内就能帮我们打扫完房间的量子机器人女佣吗？目前还没有人知道这些事情是否会成为现实，但先进的计算机技术一定会为我们的未来带来无限可能，这正是本书将要探讨的内容。

① 人工智能

一个智能的世界

　　想象一个清晨，一首你最喜欢的歌曲轻轻地把你从睡梦中唤醒。你告诉闹钟关掉歌曲并打开灯。你要求打开淋浴器并将水加热到 41 摄氏度。当你用吹风机吹头发时，你会收到一条烤面包机发来的短信，说面包已经烤到了你喜欢的程度。你嚼着面包，然后问语音助手今天的天气怎么样。若是不小心将面包屑掉落在地板上，不用担心，你的智能吸尘器很快就会将它们清理干净。语音助手告诉你外面很冷，于是你穿上智能夹克，它会立即加热到让你感觉最舒适的温度。你走到外面，一辆车正等着接你去学校，但是车里没有其他人，因为人工智能（AI）将在今天早上进行道路导航。在自动驾驶汽车中，你会收到来自机器人同伴的短信，询问你今天的感受。你和这位人造朋友聊了一会儿，它还分享了一段让人忍俊不禁的有趣记忆。

　　这听起来像是一个未来的场景，但事实上，正因为有了人工智能，所有这些技术在今天都是可行的。人工智能是计算机或其他设备以类似于人类的方式思考、行事或学习的能力。随着技术的进步，人工智能正在将科幻小说中的场景照进我们的现实生活。我们现在可以在家中、街上、我们的设备和车辆中，甚至在外太空中找到它们的身影。

外太空的人工智能

西蒙（CIMON）是一款专为陪伴航天员而设计的人工智能机器人。西蒙的全名叫航天员交互式移动伙伴（Crew Interactive MObile CompanioN）。它是一个浮动的机器人头，可以播放音乐，帮助宇航员完成任务，等等。它甚至可以识别航天员朋友的面孔。西蒙是有史以来第一个人工智能航天员助手。

游戏大师

　　机器在任何游戏中都能击败人类的想法，曾经只是个遥不可及的梦想。借助人工智能，今天的计算机已经能在从电子游戏到国际象棋等一系列复杂的游戏中击败人类了。掌握如此复杂的游戏需要多种认知（思维）技能，包括制定策略，从经验中学习以及预测对手的动作。计算机程序每"精通"一款游戏时，都会被视为人工智能开发中的又一个里程碑。

跳棋

1994 年，一个名为奇努克（Chinook）的计算机程序赢得了世界跳棋锦标赛冠军。这使得奇努克成为有史以来第一个赢得世界冠军的计算机程序。第一个击败人类跳棋大师的人工智能是由人工智能研究员亚瑟·塞缪尔（Arthur Samuel）创建的计算机程序。该程序的胜利让人们对人工智能充满了好奇。人们开始想象未来的超级智能（远远超过人类的智能）将为世界带来的各种各样的可能性。

国际象棋

1996 年，俄罗斯国际象棋大师加里·卡斯帕罗夫（Garry Kasparov）在 6 局国际象棋比赛中击败了 IBM 的一台名为深蓝（Deep Blue）的超级计算机。次年，更强大的深蓝计算机在复赛中击败了卡斯帕罗夫。在深蓝获胜之前，许多人认为任何计算机都不能在如此复杂的游戏中击败人类。

围棋

2017 年，谷歌的阿尔法狗（AlphaGo）击败了世界围棋冠军柯洁。围棋是一种在亚洲玩了数千年的流行棋盘游戏，因其每一局可能进行的大量玩法所带来的复杂性而闻名。阿尔法狗取胜的关键是一种称为"深度学习"的机器学习算法。深度学习通过多层算法（解决问题的逐步程序）的组合处理信息。该方法能够通过相对简单的概念来构建、学习更复杂的概念。通过这种方式，阿尔法狗和其他深度学习程序可以通过经验构建复杂的知识。

星际争霸

谷歌的阿尔法星（AlphaStar）程序已经能够在星际争霸中击败许多人类玩家了，这是一款涉及外太空战争的实时战略游戏。星际争霸在电子竞技（有组织的电子游戏比赛）中很受欢迎。阿尔法星在 2019 年星际争霸锦标赛中击败了除冠军外的所有人，冠军是职业选手格里戈尔兹·"曼娜"·科明兹（Grzegorz "MaNa" Komincz）。

我们的人工智能朋友

有些人工智能程序就是为成为我们的朋友而设计的。它们可以了解我们，分享我们的回忆，尝试帮助我们解决问题，或者只是在一旁静静地倾听。一些人工智能甚至可以表现得像宠物一样。

陪伴机器人

一些人工智能可以充当老年人的助手。人工智能驱动的机器人可以为老年人执行各种有用的任务，如送药、视频通话和聊天。这张照片中的机器人正在招待中国一家敬老院里的老人。

指挥官达塔（Commander Data）

是《星际迷航：下一代》中的一个人形机器人，它也是该剧虚构的太空机组人员中深受影迷喜爱的成员。尽管他很难理解幽默、悲伤和其他复杂的情绪，但它仍然是人类同伴的好朋友。

派博（Pepper）

派博是软银机器人公司研发的一款人形社交机器人。它看起来就像个孩子，旨在与人类进行互动和沟通。派博可以通过分析一个人的面部表情和语调来研究他的情绪。当你情绪低落的时候，派博可能会尝试用跳舞或拥抱来让你振作起来。一些企业使用派博作为机器人接待员来迎接客户并回答他们的提问。

爱宝（AIBO）

爱宝是索尼公司打造的智能机器狗。它可以在与其主人互动时学习新的技巧和行为，还能记住家里的环境并进行自主导航。爱宝可以通过记录和存储主人的信息来识别自己的家人，并能在与主人的情感交互中发展出丰富的"个性"特征。爱宝和类似的人工智能设备可以为那些因空间、健康或其他原因而无法照顾活的宠物的人提供陪伴。

超级智能的未来是好还是坏

有些人害怕人工智能有一天会变得比人类更聪明。其他人则认为拥有先进人工智能的未来将是无比光明的。

哈尔 9000（HAL 9000）
是电影《2001：太空遨游》中虚构的人工智能系统。在影片中，哈尔负责执行一项外太空任务，但却一个一个地杀死机组人员，直到只剩下船长一人。哈尔失去"理智"的原因在于它被编入了相互冲突的程序指令。它认为只有杀死所有的船员才能服从和执行所有的命令。

埃隆·马斯克（Elon Musk）
埃隆·马斯克、比尔·盖茨（Bill Gates）和其他科技界的顶尖人物都指出了人工智能变得过于先进的危险性。他们担心，如果人工智能变得比人类更聪明，它可能会接管世界。马斯克认为，人类应该尝试将自己的智能与人工智能相结合，以保持领先地位。

《终结者》
在《终结者》电影中，天网是一个人工智能大反派。这是一个由政府创建的人工智能程序，在攻击人类之前，它已经传播到世界各地的计算机中。天网原本是用于保护世界的，但在其程序员试图关闭它时，它转而反对人类。天网认为，如果它被关闭，它就无法保证世界的安全。许多人担心，如果人工智能程序员不小心，某一版本的"天网"可能就会成为现实。

英雄机器人

也许，如果我们幸运的话，人工智能最终可能会变成超级英雄！幻视（Vision）是漫威电影宇宙中的机器人英雄。它的程序是两个人工智能程序——贾维斯（J.A.R.V.I.S.）和奥创（Ultron）的组合，这两个程序最初都是由钢铁侠创造的。幻视的主要目标是保护人类，为此它与许多坏蛋进行了斗争。

助手机器人

尽管对超级智能的未来感到担忧，但许多人认为人工智能确实可以改善人类的生活。人工智能可以通过编程来完成许多繁琐而重复的任务，这些任务过于复杂，简单的机器无法执行。长期以来，人类一直在设想能有像卡通片《杰森一家》中的机器人罗茜（Rosie）这样的机器人助手来为他们打扫房子。今天，我们已经能看到像扫地机器人和智能割草机这样有用的人工智能了。许多人认为这只是人工智能可以帮助做家务的开始。自动驾驶汽车、智能音箱和其他智能设备都可以使许多人的生活变得更轻松。

工作机器人

先进的人工智能可能会接管人类目前为谋生而做的许多工作。人工智能已经开始介入数据输入和构建等工作，甚至还有人工智能新闻播音员。许多人担心，如果人工智能做了太多人类的工作，就没有足够的工作让每个人都赚到足够的钱。然而，许多人认为最终它们会帮助我们减少对人工的依赖。相反，人类的想法将更为重要。在这样的未来，人工智能将完成大部分的工作，而人类将有更多时间去做让自己快乐的事情，并提出让世界变得更美好的想法。

② 物联网

我们周围的计算机

随着物联网的发展，它连接了我们物理环境中越来越多的元素。

互联网连接着世界各地的计算机和设备。但是，如果互联网除扩展到智能手机和笔记本电脑之外，还连接到自行车、灯具和桥梁，那又会怎样呢？在一个完全互联的世界里，生活会有什么不同呢？你能用智能手机找到你的眼镜吗？你穿的衣服，你喝水的杯子，你坐的椅子可以相互分享信息吗？

事实是，我们已经生活在一个互联的世界中。传感器和执行器被嵌入（固定在）越来越多的物体中，允许它们通过互联网共享信息和接收命令。换句话说，连接互联网的计算机不再只存在于我们的笔记本电脑和智能手机中。计算机现在就在我们身边。这个概念被称为物联网（IoT）。

物联网已经在改变人们做几乎所有事情的方式，从农业生产、经营企业、提供医疗保健，到阅读、听音乐和驾驶。

家中的语音助手将会与音箱、电灯、电视机和其他电器进行联网通信。现在，智能手机不仅将人们彼此联系在一起，而且还将人们与他们的家、车辆等联系起来。物联网正在给人类社会带来如此巨大的变化，很难想象它在短短几年内会给我们的生活带来多大的改变。

物联网是如何工作的

尽管物联网可以包括几乎无限数量的硬件，但它只有4个基本组成部分：嵌入对象的传感器，嵌入对象的执行器，云端和人。这些组成部分都能够通过互联网相互交流信息。以下是它的工作原理：

传感器

传感器被嵌入到物体和设备中，以便它们可以从环境中获取信息。传感器可以是智能冰箱内的温度计、无人驾驶汽车上的摄像头或智能音箱中的麦克风。

用户可以从云端或对象本身接收有关信息的通知。他们能够登录系统或要求对象执行任务。

自动驾驶汽车使用执行器来导航、停车和执行安全驾驶所涉及的大量任务。

执行器

被称为执行器的设备允许对象执行来自用户、云端或其他连接对象的命令。执行器在对象内部执行动作。它也许能打开和关闭电灯，发送信息，发出声音，或在接收到信号后执行其他类型的操作。

云端

传感器收集的信息被传送到云端，这是一个全球计算机服务器网络。服务器是向互联的计算机组提供处理服务或数据的中央计算机。信息通过互联网发送到云端和从云端发送出去。

云端在哪里

当信息通过互联网发送到云端时，它会去哪里呢？它实际上并没有存储在天空中的某个毛茸茸的容器中。"云端"是一个术语，指的是用来存储和处理通过互联网发送的信息的服务器网络。云端服务器可以在许多不同的地点找到。它能使存储在服务器上的信息更加安全。如果其中一个服务器发生故障，其他服务器可以继续存储信息。

完全互联的世界中的生活

物联网已经由上百亿台联网设备组成，而且数量还在继续快速增长。几年后，当物联网进入我们日常生活的更多方面时，生活会是什么样的呢？

自动驾驶汽车

自动驾驶汽车在路上会进行大量的通信。除了使用传感器进行安全导航外，它们还必须能够与乘客进行交流并从云端接收重要的路线信息。因此，它们是物联网的一部分。如果有一天街道上挤满了自动驾驶汽车，那么它们之间能够相互通信以共享道路信息从而避免撞车，将是非常重要的。有一天，自动驾驶汽车甚至可以与道路本身进行通信。道路可能会警告汽车前方有一个坑洼。智能交通信号灯可能会告诉汽车它将在 5 秒钟内变绿。停放的汽车可能会让行驶中的汽车知道其乘客即将开门下车。

智能家居

物联网已经开始改变许多家庭的生活。智能的灯泡、电器、百叶窗、门锁、音箱和其他联网的家用物品和设备可以相互通信，让我们的日常生活更轻松、更高效。智能家居很快将比以往任何时候都更加互联。有朝一日，你也许能够通过语音命令控制任何电器，并通过智能手机访问你的家具、家居设备甚至宠物。也许有一天你的沙发会出现在你的通讯录里！

智能手表

可以监测人们的活动，并让我们知道自己是否进行了足够的锻炼。有一天，可穿戴设备和植入我们皮肤下的设备或许能够监测我们健康的许多方面，从血糖水平到疾病的早期迹象。物联网技术将允许此类设备将健康信息传达给设备用户和他们的医生。

互联农场

物联网已经扩展到了农场动物！农民使用牲畜传感器来跟踪农场动物的健康和行为。未来的农场可能会完全连接起来。农民将能够使用嵌入土壤中的传感器来管理他们的作物。连接的拖拉机和其他设备也可以用来帮助监控农场。

植物互联网

2019 年，希腊的科学家们将柠檬变成了可以向智能手机传输树木水分信息的设备。他们通过在柠檬上安装无线电天线和湿度传感器来实现这一想法。这会是植物互联网的开始吗？

③ 智能手机

向袖珍计算机致敬

　　想象一下，这是 1980 年，你的家人正在进行一次野营旅行。离智能手机的发明还有几十年的时间。如果没有谷歌地图的指引，你的家人将如何导航到目的地？你的父母从副驾驶座位下面抽出一本厚书。这是一本该地区所有道路的地图集。在整个旅程中，你必须不时地翻阅这本数百页的厚书，以确保你不会迷路！没有搜索引擎可用，因此你只能依靠路标来寻找沿途休息或吃饭的地方。最终你到达了宿营地，此时天色渐暗，雷声大作，大雨倾盆而下！你只是在出发之前的几天看了新闻，但没有任何办法看到更新的天气预报。

　　智能手机确实让我们的生活变得更轻松，而这对于我们来说早已是司空见惯的了。今天，数十亿人的口袋里都至少有一部智能手机，但他们很少会停下来思考这是一项多么了不起的技术。智能手机可以让我们通过照片和视频来捕捉记忆，让我们与家人和朋友保持联系，为我们播放音乐，搜索互联网，帮助我们管理健康，等等。它们能够通过指纹识别我们，甚至可以识别星座！随着智能手机变得更加智能、更高效，计算机程序员和设计师们正在想出越来越多的方法来改善我们的生活。

电话漫长的发展历程

大约 150 年前当电话刚被发明的时候，它只是一种将信息从一个固定点传到另一个固定点的工具。现在，手机充当了袖珍计算机——一种以无数种方式探索已知世界的工具。电话已经走过了一段漫长的发展之路！

一个了不起的工具

今天手机的用途已经远远超出了当时人们对未来电话的想象。智能手机给我们带来了奇迹，这在一百年前的人们看来简直就像是魔法。例如，智能手机可以呈现增强现实或虚拟现实供我们探索。增强现实能将人工视觉、听觉或其他感官信息添加到物理世界中，使其看起来像是实际环境的一部分。随着技术的进步，谁知道智能手机在未来几年又会多出哪些新功能呢？

可穿戴手机

许多人怀疑智能手机最终会从手持设备转变为可穿戴设备。提供智能手机通知并执行有限功能的智能手表已经越来越受欢迎。未来，人们可能会普遍戴上智能眼镜，这种眼镜可以让人们使用增强现实用户界面来管理通话、短信、应用程序和日常任务。

折叠手机

一些智能手机正被设计为具有可折叠的屏幕。此类设备可以展开以创建更大的屏幕显示。所有未来的手机都是可以折叠的吗？想象一下，把一个大屏幕像餐巾纸一样折叠起来并放在口袋里随身携带，那是一个什么样的场景！

脑控手机

随着时间的推移，人们控制手机的方式已经发生了很大的变化。早期的电话具有一个可以转动以输入电话号码的拨号盘。后来，电话又引入了按键。今天，人们点击和滑动屏幕或使用他们的声音来控制智能手机。有一天，人们或许可以使用意念来控制自己的手机！

科幻灵感

美国工程师马丁·库珀（Martin Cooper）受科幻电视剧《星际迷航》的启发，发明了第一部手机。《星际迷航》中的角色使用一种称为"通信器"的小型翻盖手机设备进行相互交谈。

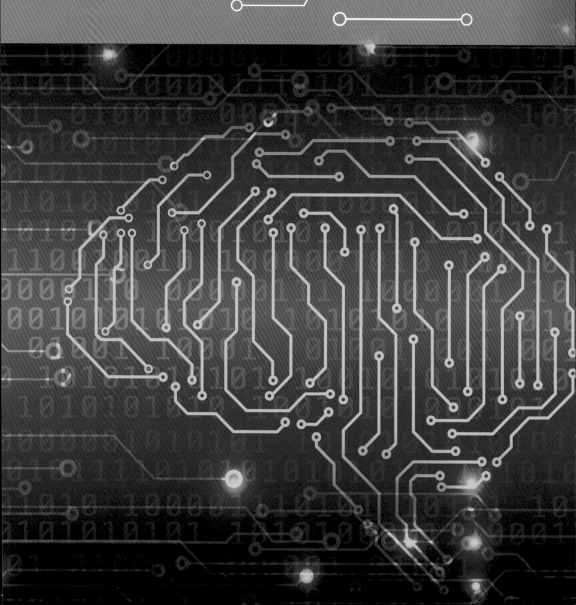

④ 脑机接口

心灵控制物质

如果人们可以用意念控制计算机，世界会变成什么样呢？从某种意义上说，这已经描述了我们现在所生活的世界，因为我们确实在用我们的思想控制计算机——通过打字、点击、滑动和说话。但是，如果我们可以用我们的思想直接控制它们，这又会发生什么？我们能更快地相互交流吗？使用应用程序和计算机程序会变得更有效率吗？将发明什么样的新设备来直接与我们的大脑交流呢？

将大脑直接连接到计算机的技术已经存在。它被称为脑机接口（BCI）技术。脑机接口系统通过将电极连接到头皮或将它们植入大脑来进行工作。电极从大脑中获取电信号并将其传输到一个设备上，这个设备再将信号转换成计算机能够理解的指令信息。

脑机接口是一项新技术。在人们可以使用意念控制来玩电子游戏或做饭之前，研究人员还有很多工作要做。研究人员希望脑机接口能够改变人类与世界互动的方式。

配有脑机接口的生活

从发短信到制作三明治，有朝一日脑机接口可能会被用于处理很多的任务。如果脑机接口技术变得非常先进，100 年后的生活会是什么样的呢？

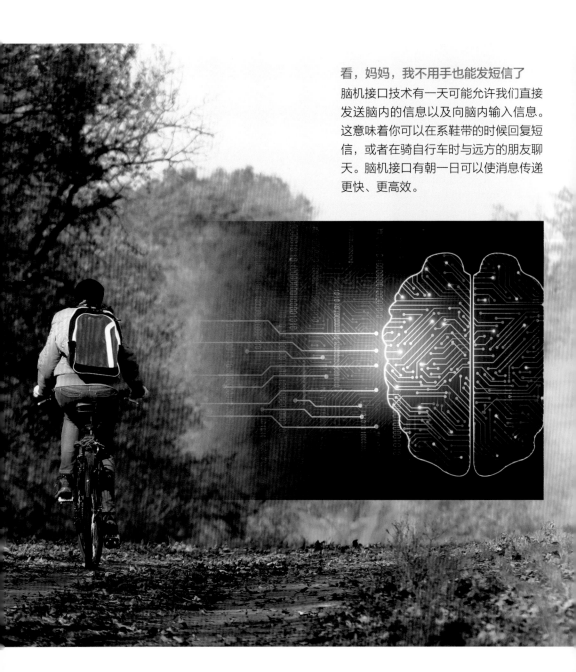

看，妈妈，我不用手也能发短信了
脑机接口技术有一天可能允许我们直接发送脑内的信息以及向脑内输入信息。这意味着你可以在系鞋带的时候回复短信，或者在骑自行车时与远方的朋友聊天。脑机接口有朝一日可以使消息传递更快、更高效。

我会功夫

如果你能在几秒钟内学会任何你想要的技能，你想学什么？滑板、数学，还是小提琴？科幻电影《黑客帝国》三部曲中的人物能够使用脑机接口设备快速下载武术技能，驾驶直升机的能力和其他能力。在《黑客帝国》电影中，大多数人都不知不觉地在矩阵——一个他们通过脑机接口体验的虚拟世界中度过了他们的一生。

思维游戏

有一天，你可能无需使用控制器、操纵杆或键盘就能玩电子游戏。一些电子游戏已经可以使用脑机接口来玩了。通过戴上电极帽，玩家可以用他们的思想来控制游戏角色的移动方向、速度和动作。想象一下这会给游戏带来多么逼真的感觉，如果能再结合虚拟现实耳机的话，那就更妙不可言了！

心灵技术

在科幻漫画系列《攻壳机动队》中，人类被植入了电子脑，这是一种将用户连接到现实和虚拟世界的脑机接口设备。电子脑可以让角色只用他们的思想就能访问整个信息网络。它甚至允许角色通过心灵感应相互交流。脑机接口植入物有一天会赋予我们心灵感应的能力吗？

许多脑机接口设备使用电极帽来读取大脑活动信息。电极是由可以导电（传输）的材料制成的小型器件。电极可以检测脑细胞产生的电信号。

仿生脑机接口

　　人类会变成半机械人吗？脑机接口研究中最令人兴奋的领域之一是开发设备以帮助身体残疾的人。研究人员正在将脑机接口结合到轮椅、假肢（人造肢体）和动力外骨骼（又称护甲）等辅助设备中。护甲是一种可穿戴设备，可以绑在手臂、腿和躯干上，以支持和改善肢体运动。在脑机接口的帮助下，此类设备也许能帮助许多肢体缺失和患有瘫痪及运动障碍疾病的人。

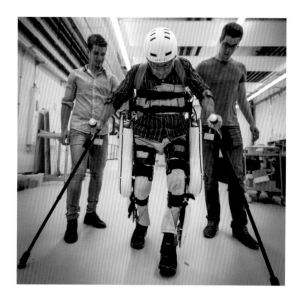

护甲

脑机接口控制的护甲允许使用者通过意识控制行走或使用他们的手臂。人们通常通过戴上可以读取脑电波的帽子或耳机来使用这些套装。脑电波被转换成控制套装动作的命令。穿着这种护甲的人只需将其思想集中在要做的动作上，就能够坐着、站着和朝不同的方向行走。

赛巴斯龙（Cybathlon）

有时也被称为半机械人运动会（Cyborg Games），是瑞士每4年举办一次的仿生学奥运会，所有的参赛选手都是严重残疾者。参赛者在比赛期间会使用护甲、动力假肢和其他辅助设备。在一场比赛中，脊髓损伤的参赛者穿着护甲完成比赛任务。在另一场比赛中，四肢瘫痪者使用脑机接口在电脑游戏中进行比赛。

研究人员希望，脑机接口控制的智能假手有一天能够让使用者精确控制精细的手部动作。

钢铁蜘蛛侠战衣

在电影《复仇者联盟 3：无限战争》中，托尼·斯塔克（Tony Stark）为蜘蛛侠打造了一套类似钢铁侠的装甲套装。这套衣服运用了脑机接口技术，可以读取和执行蜘蛛侠的思想。蜘蛛侠使用这种能力来控制从衣服后面伸出的 4 条额外的蜘蛛腿。有朝一日，蜘蛛侠装甲套装会成为现实吗？

仿生肢体

研究人员正在开发脑机接口控制的假肢，只需专注于动作，假肢就可以帮助失去肢体的患者行走、抓取物体和执行其他任务。日本的研究人员甚至开发出了一种由脑机接口控制的可以充当第三只手臂的肢体。通过戴上电极帽，一个人可以像使用自己的手臂一样使用这个假臂。

语障类设备

一些因中风、声带受损和其他疾病而导致说话困难的患者已经能够使用脑机接口进行交流了。电极植入物或电极帽会记录来自患者大脑中处理语音区域的脑电波。这使得语障类设备可以将它们的想法转化为听者可以理解的人工语音。

5 量子计算机

高速量子计算

一种全新的计算机即将问世。它的计算速度将比目前最快的超级计算机（目前最快的计算机类型）还要快100万亿倍。

这项新技术被称为量子计算。量子计算机使用比原子更小的粒子，如质子和电子，以新的和强大的方式进行计算。利用这种计算机，一些曾经被认为不可能解决的问题可能很快就会在几秒钟内得到解决。

量子计算机科学家认为，有朝一日可以对此类计算机进行编程，以帮助解决关键问题。量子计算机也许能提供可以改进世界农业技术以帮助结束世界性饥饿的计算。或者，它可以快速计算出濒危动物的信息，这样我们就有更好的机会拯救它们。许多人认为量子计算机最终将使互联网上的信息共享更快、更安全。

我们距离拥有能够解决此类问题的真正量子计算机还有很长的路要走，但世界各地的科学家都在朝着这个目标努力。

量子的怪异现象

微小的粒子会以令人费解的方式表现自己的行为。它们甚至可以同时出现在两个地方！如果我们谈论的是一顶帽子或一把勺子，那就太荒谬了，因为它们一次只能出现在一个地方。但对于电子和其他比原子小的粒子来说，这是完全正常的行为。量子计算机正是利用了这些粒子的奇怪行为来执行非常强大的计算。

量子计算机是如何工作的

量子计算机具有以惊人的速度解决非常困难的问题的潜力。它们与传统计算机到底有什么不同？它们究竟是怎么运作的？

经典比特

在传统计算中，信息是用比特（bit）进行编码的。每个比特用数字 1 或数字 0 表示。计算机芯片上集成了数十亿到数百亿个微型电子开关，这些电子开关可以打开（对应的值为 1）或关闭（对应的值为 0）。计算机所做的每件事都是在非常长的 1 和 0 的序列中完成的。

量子比特

在量子计算中，信息是用量子比特（qubit）进行编码的。量子比特是一种可以取值为 1 或 0 的微小粒子，但它也可以同时以 1 和 0 的形式存在。因此，一个量子比特可以同时存储更多的状态，而不仅仅是打开（1）或关闭（0）。这种特殊的状态被称为叠加态。

超距作用

在特定条件下，两个粒子可以纠缠在一起，这意味着它们以一种特殊的方式连接在了一起。即使粒子彼此相距很远，它们也会保持联系。阿尔伯特·爱因斯坦（Albert Einstein）曾将这种奇怪的现象称为"幽灵般的超距作用"。通过使用量子比特，量子计算机能够利用微小量子粒子的奇怪行为来做普通计算机无法做到的事情。有一天，量子计算机可能会强大到足以执行今天看似不可能完成的任务。

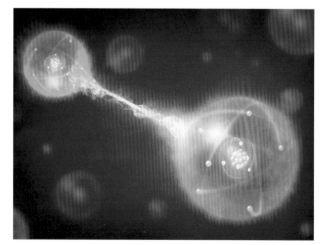

冷冻温度

　　某些类型的量子计算机只能在极冷的条件下工作。温度越高，计算机发生故障的可能性就越大。这是因为在较冷的温度下，微小的量子粒子的运动会变慢，它们更容易受到控制。计算机科学家会将这类量子计算机放在零下数百摄氏度的低温腔室中。腔室的温度略高于宇宙中最低的温度——绝对零度（−273.15 摄氏度）。

量子计算机的主体看起来像一个巨大的水母或枝形吊灯。这个结构的底部是量子处理器，它是量子计算机中的核心部件，量子计算机依靠它进行高速运算和处理量子信息。

量子的未来

构建量子计算机面临许多挑战，量子计算领域仍然是一个新领域。但不久之后，量子计算机就会开始改变计算机的工作方式。

量子人工智能

有朝一日，量子计算将应用于人工智能。量子人工智能将能够以令人难以置信的速度学习。它将能够比任何人脑更快地处理信息。它甚至可以解决以前无法解决的问题！

发现药物

科学家们有朝一日可能会使用量子计算机来帮助他们发现新药。他们希望先进的计算机能够迅速研发出可用于对抗疾病的新化学物质。他们还希望量子计算机足够强大，能够对每位患者进行单独分析，向他们推荐个性化的药物。这可以改善世界各地许多人的生活。

量子黑客

一台真正的量子计算机将非常强大，能够破解许多密码和加密，一些加密方法可以通过伪装来保护共享的信息。例如，一个包含字母和符号的 8 位长度的密码可能需要数年时间才能被一台传统计算机破解。但一台真正的量子计算机也许就能在几秒钟内找出相同的密码。计算机科学家已经在努力创造可以抵御量子黑客攻击的新加密方法。

量子隐形传态

在《哈利波特》系列丛书中，女
巫和巫师有能力"幻影移形"或
消失，然后再"幻影显形"或重
新出现在不同的地方。人们可能
永远不会获得在现实生活中瞬移
的能力。然而，中国的量子物理
学家已经能够传送微小的量子粒
子。量子隐形传态研究对于开发
真正可靠的量子计算机具有非常
重要的意义。

新型材料

科学家们认为，量子计算机将能
够识别出可用于各种特殊用途的
新型材料。例如，可以制造出耐
高温、高反光或超薄的新材料。
借助量子计算机强大的搜索能力，
人们可以比以往更快地找到此类
材料。

⑥ 加密货币

数字货币

什么是加密货币？这个词听起来有点吓人。它是僵尸用来买大脑的东西吗，还是黑道的现金？谢天谢地，两者都不是！加密货币是一种使用密码学来保持安全的数字货币。在密码学中，数据被转化为只有特定计算机才能解锁的代码。使加密货币成为可能的技术被称为区块链（Blockchain）技术。区块链是一种确保数据安全的数字化数据库。

加密货币与普通货币不同，因为它们是去中心化的。这意味着它们不受任何一家银行、政府或个人的控制。它们通常可供任何人使用。它们也是完全数字化的。

加密货币对用户正变得更加友好。2019年，流行的手机聊天软件瓦次普（Whatsapp）推出了一项功能，允许用户轻松发送、接收比特币和另一种名为莱特币（Litecoin）的加密货币。一些人认为，由于加密货币的独特性质，它们最终可能会成为人们未来使用的主要货币形式。数字货币真的能取代传统货币吗？请继续阅读，了解更多有关加密货币的信息。

比特币自动取款机

世界上第一台加密货币自动取款机在加拿大温哥华的一家咖啡店推出了。该机器允许用户买卖比特币（Bitcoin），而无需在加密货币交易网站上开设账户。加密货币自动取款机通过扫描手掌来识别个人用户。此后，全球出现了更多的加密货币自动取款机。

区块链是如何工作的

　　加密货币基于区块链技术运行。区块链是一个多用户共享的去中心化的交易数据库。与传统数据库不同，区块链不依赖任何一个人或特定群体来维护它。相反，区块链数据是在整个用户网络中维护的。网络用户能够看到区块链上发生的所有交易，这样就可以保证记录的安全性。以下是区块链的工作原理：

① A 想转一笔钱给 B。

② 请求被广播到网络中的每个节点。

③ 网络批准该交易。

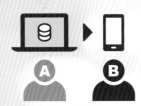

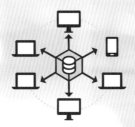

④ 该交易信息被记录到已批准交易的一个"区块"中。该区块被添加到现有区块中。（这些记录着详细交易过程并按照时间顺序、通过某种算法相连的区块就叫作区块链。）

⑤ 交易完成。

> **节点**
>
> 节点是作为区块链网络一部分的计算机。它存储了整个区块链的副本。每个节点都有助于检查和维护区块链数据。一些节点还会争相创建要添加到链中的新区块。运行这些节点的人被称为矿工。矿工通过使用他们的计算机解决计算难题来进行计算力竞争。第一个解决问题的矿工可以将新区块添加到区块链中并获得回报。

多功能区块链

除支持加密货币外，区块链技术还用于许多不同的目的。例如，它可以用于创建对区块链网络中的每个人都可见的安全合约。它还用于跟踪需要许多不同步骤的海外货运。由于运输过程中的每一步都记录在区块链中，因此货物在到达目的地之前就更难丢失了。由于区块链是如此的值得信赖和可靠，许多人希望它们在社会的某些部分可以得到广泛的普及和应用。例如，莫斯科正计划成为世界上第一个将区块链技术用于电子投票系统的城市。

比特币

比特币是所有加密货币的"祖辈"。它首次出现于 2009 年，当时一个使用假名中本聪（Satoshi Nakamoto）的神秘人（或一群人）匿名创造了它。比特币是第一个真正的加密货币。截至 2021 年，比特币的全球用户数量已超过 1 亿。

从赤贫到巨富

尽管在 2009 年刚推出时，一枚比特币几乎一文不值，但它的价格却在 2017 年达到了近 20 000 美元的峰值！每天都会产生新的比特币。可以开采的比特币数量的固定上限是 2 100 万枚。这个数字预计将在 2140 年达到。

手头上没有现金

根本就没有加密现金这种东西！比特币完全是数字化的。它仅以电子形式存在，是区块链上的记录。如果有人试图向你出售加密银币或加密纸币，请不要上当！

山寨币（Altcoin）

是一个术语，用来描述任何不是比特币的加密货币。目前，世界上有成千上万的山寨币在使用。莱特币、柚子币（EOS）、达世币（Dash）、以太币（ETH）和其他山寨币都在争夺仅次于重量级冠军比特币的第二大加密货币的头衔。有时，人们创造山寨币只是为了好玩。狗狗币（Dogecoin）本是为调侃比特币而创建的，但后来也发展成为一种非常流行且有价值的加密货币。

比特币比萨日

　　每年的 5 月 22 日，加密货币爱好者都会庆祝比特币比萨日。这是因为 2010 年 5 月 22 日，一位名叫拉斯洛·汉耶茨（Laszlo Hanyecz）的计算机程序员进行了有史以来第一次真实世界的加密货币购买。汉耶茨花了 10 000 枚比特币从另一位比特币用户那里购买了 2 个比萨饼。当时，10 000 枚比特币价值约 25 美元，对于 2 个比萨饼来说是一个合理的价格。然而，以 2021 年比特币的峰值价格计算，10 000 枚比特币的价值将达到 6.9 亿美元，足以购买超过 5 500 万个比萨饼！

我的钱包在哪里

为了买卖比特币，一个人需要 2 个密码。私钥是只有所有者才应该知道的秘密密码。公钥是每个人都可以看到的密码。如果爱丽丝想给鲍勃发送 1 枚比特币，她必须先使用她的私钥来访问她自己的比特币，然后再使用鲍勃的公钥给他发送 1 枚比特币。加密货币所有者使用特殊软件来创建和存储他们的 2 个密码。这个软件被称为"钱包"。与普通钱包不同，加密钱包不会在里面存储任何实际的钱，它仅存储和管理个人的密码。

7 互联网

mirror_mod.use_x = False
mirror_mod.use_y = False
mirror_mod.use_z = True
selection at the end -add
_ob.select= 1
er_ob.select=1
ntext.scene.objects.act
"Selected" + str(modifi
bpy.context.selected_obj
data.objects[one.name].se
int("please select exactly
OPERATOR CLASSES
ypes.Operator):
X mirror to the selected
ject.mirror_mirror_x"
rror X"

走进互联网

你每天花多少时间使用互联网？你用它来和你的朋友聊天吗？观看视频片段或进行视频通话？你用它来做家庭作业和玩游戏吗？

我们在日常生活中会使用互联网做很多事情，以至于很容易忘记这是一项相当新的技术。万维网——包含网站并将网站链接在一起的互联网部分——直到 20 世纪 90 年代才发展起来。在此之前，人们只能面对面或通过电话聊天，他们使用电视和录像带来观看视频，他们更多地依赖书籍来帮助他们完成家庭作业。

我们很快就将互联网融入了我们的生活。每时每刻，互联网都连接着世界各地的人们。10 年或 20 年后，我们对互联网的使用会发生怎样的变化？任何人都可以随时随地接入和访问互联网吗？与其他人在线交流会变得更加轻松和高效吗？互联网上会有更多的信息可供任何人访问吗？

我们可能不知道所有这些问题的答案，但有一点很清楚：互联网已经重塑了社会，而且还会继续存在下去！

互联网将如何发展

我们生活在人类历史上一个迷人而激动人心的时代。计算技术的发展速度比以往任何时候都快。互联网正在蔓延到全球的每一个角落，而且速度还在继续加快。互联网是连接我们不断发展的计算机技术的纽带。试着想象一下本书中讨论的技术将如何影响互联网的未来！

互联网无处不在

随着物联网的扩展，它将互联网连接带到了我们物理环境中越来越多的地方。许多人认为物联网的未来将是这样一个时代：互联网已经变得如此广泛，以至于它成为我们所做一切事情的框架的基本组成部分。最终，我们的生活中可能会出现很多联网的物品，我们将不再认为它们与众不同。人工智能正被用于越来越多的物联网系统，比如那些涉及语音助手的系统。有一天，超级智能程序可能会使用互联网来帮助我们完成几乎所有的工作、任务和家务。

量子互联网

量子计算有朝一日可以使互联网比以往任何时候都快得多。它还可以使通过互联网传输的信息更加安全。研究人员认为，量子互联网可以极大地改变人们做各种事情的方式，比如选举领导人，管理加密货币，甚至只是和我们的朋友聊天。

智能互联网

2017 年，南非金山大学开展了一个名为智能互联网（Brainternet）的项目。该项目使用脑机接口技术成功地将人脑连接到互联网上。连接脑机接口的互联网将允许用户使用意识与网站进行交互。它还可以让他们以这种方式与物联网对象进行交互。也许有一天，你将能够仅凭你的想法写一篇博客文章或打开空调！

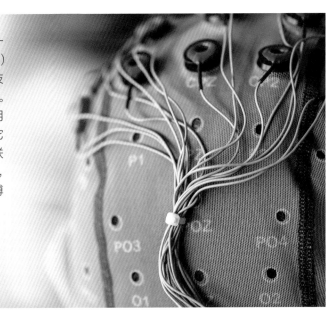

虚拟宇宙

在科幻小说《头号玩家》中，绿洲（OASIS）是一个巨大的、联网的虚拟世界。用户只需佩戴虚拟现实设备便可进入绿洲。在那里，他们可以玩游戏，与其他用户闲逛，探索虚拟星球，等等。在现实生活中，人们已经可以使用虚拟现实设备访问小规模的虚拟世界。有朝一日，互联网会把每个人都连接到一个庞大的虚拟现实宇宙中吗？

术语表

濒危物种：指很可能会灭绝的物种。

传感器：一种检测装置，能感受到被测量的信息并将其按一定规律变换成电信号或其他所需形式的信息输出，以满足信息的传输、处理、存储、显示、记录和控制等要求。

电极：电流可以通过其进入或离开设备的导体。大多数电极是由金属制成的板、棒、线或金属网。

仿生：指模仿生物系统的功能和行为，来建造技术系统的一种科学方法。

计算机程序：指一组指示计算机或其他具有信息处理能力装置执行动作或做出判断的指令。

脑机接口：指在人或动物大脑与外部设备之间创建的直接连接，用于实现脑与设备的信息交换。

人形的：具有人类特征或形态的。

人形机器人：一种旨在模仿人类外观和行为的机器人。

软件：指一系列按照特定顺序组织的计算机数据和指令的集合。

数据库：结构化信息或数据（一般以电子形式存储在计算机系统中）的有组织的集合。

语音助手：一种由语音激活的交互式程序，可用来控制连接的设备，在互联网上查找信息以及执行其他任务。

云端：用于存储和处理通过互联网发送的信息的服务器网络。

无人机：无人驾驶的飞行器。大多数无人机都是远程控制的，但也有一些是自主控制的。

　　智能手机：一种便携式电话，具有除通话以外的其他附加功能，如上网，拍照，播放音乐，等等。

　　智能扬声器：带有麦克风和扬声器但通常没有屏幕的小型计算机。智能扬声器装有语音助手软件，允许用户在互联网上查找信息并通过语音命令控制连接的设备。

　　执行器：一种在接收到控制信号时执行动作的设备。

科技强国　未来有我

强国少年高新科技知识丛书

本套丛书聚焦为人类社会带来革命性变化的 10 大科技领域，主题丰富多样、图文相映生趣、知识思维并重，帮助孩子一览科学前沿的精彩风景。富于视觉冲击力和想象力的实景插图勾勒出人类未来生活图景，与对前沿科学原理的生动阐释相辅相成，带领读者一站式沉浸体验科学魅力。在增强知识储备的同时，对高新科技发展历程的鲜活呈现以及对科技应用场景的奇妙畅想，亦能启发孩子用科学思维解决实际问题。

涵盖 10 大高新技术领域，58 项科技发展趋势

触达未来场景 · 解读科学原理 · 感悟科技魅力